JN277184

パブねこ

英国のパブと宿に暮らす猫を訪ねて

石井理恵子

新紀元社

CRISPS £1
Tyrrells
LUDLOW SAUSAGE & MUSTARD
SUNDAY BEST ROAST CHICKEN
HONEY ROAST HAM & CRANBERRY
SWEET CHILLI & RED PEPPER
MINI
ORIGINAL
TALISKER
ELB
JAMBOREE
GLS 4.50
SERIOUS PIG
EINSTÖK
PALE ALE
TOASTED PORTER

はじめに

これまで、英国の猫の取材は地方にあるお城、保存鉄道、動物愛護団体など特徴のある場所でした。そこで、もう少し身近で、かつ英国らしいところに暮らす猫を紹介できたらと考えました。

そのとき、思い浮かんだ場所がパブです。過去の旅行でも何度かパブで猫に遭遇したことがあったので、今回は“パブねこ”を探して本にまとめることにしました。

パブのある建物は古いものが多く、地下室が食品やアルコールの貯蔵庫になっているため、伝統的にネズミ対策で猫を飼っているところも少なくないはず、とアタリをつけてパブ探しを開始。すると、ロンドンを中心に何軒かあったのです。

英国人にとってパブは単なる居酒屋ではなく、憩いの場であり、社交の場。英国の日常風景から切り離せないものです。私も英国滞在中、パブには必ず行きます。女性ひとりで飲み屋？ と思われるかもしれませんが、必ずしもアルコールを頼まないといけないわけではありません。ランチをしたり、街歩きに疲れたときの休憩場所にしたり、午後のひとときを、読書をして過ごすこともあります。遅くまで明るい夏には、生演奏を聴かせるパブで音楽に耳を傾けることも。そんな場所に猫がいたら、よりリラックスできますし、パブのスタッフや居合わせたお客さんと猫を話題に会話が弾んだりもするでしょう。

猫がいるパブは、ほとんどが個人経営で個性的な店作りをしています。異なる雰囲気やパブ文化を味わいながら、猫好きなパブのオーナーやスタッフから、それぞれ自慢の猫を紹介してもらい、楽しい時間を過ごしました。

さらに、飲んでちょっといい気分になったあと、宿泊先でも猫が待ってくれていたらいいのに！ という方の希望に応えてくれる宿もいくつか見つけました。こちらは名づけて“宿ねこ”です。

英国旅行の際に、“パブねこ”“宿ねこ”に、会いに行ってみてはいかがでしょうか。

Contents

Columns

＊本書に掲載している情報は、2014年4月現在のものです。

The Pride of Spitalfields

ザ・プライド・オブ・スピタルフィールズ

Lenny

レニー

ボス猫と恥ずかしがり猫

ブリックレーン・マーケットもすぐそば。
下町の雰囲気と若者に人気の
個性的なスポットが共生するエリアには
昔ながらのパブに
キャラクターの違う2匹の猫がいます。

Patch
パッチ

夕方になるとこの位置にいます。

パブの王様、そしてボス。

リヴァプールからロンドンへ

観光客にも人気のマーケットや個性的なショップ、ビジネス街も近く。そんな賑やかなエリアのちょっと脇道を入ると、地元の人がほっとくつろげるパブ、ザ・プライド・オブ・スピタルフィールズがあります。昼間でもランチを楽しむ人でかなりの盛況ぶりです。

そのパブの中心に陣取り、堂々たる体格でお客さんを迎えるのは、12歳になるオス猫のレニー。オーナーのアンさんの出身地、リヴァプールの動物保護施設から迎え入れられました。

じつはもう1匹、オス猫のルイも一緒にやってきたのですが、もともと野良だったためか二度も脱走してしまったのです。一度は戻ってきたものの、二度目はスタッフを総動員、レニーも捜索に加わり1カ月もかけて行方を追ったものの、見つけることはできなかったそうです。

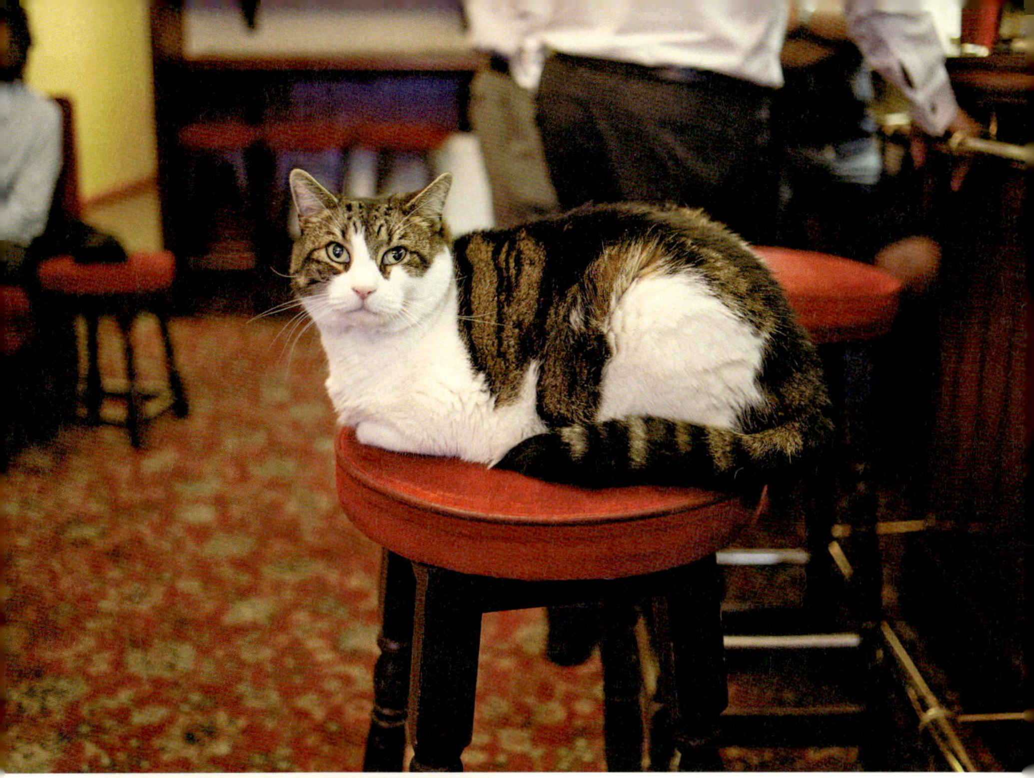

常連さんのおやつが待ち遠しい。

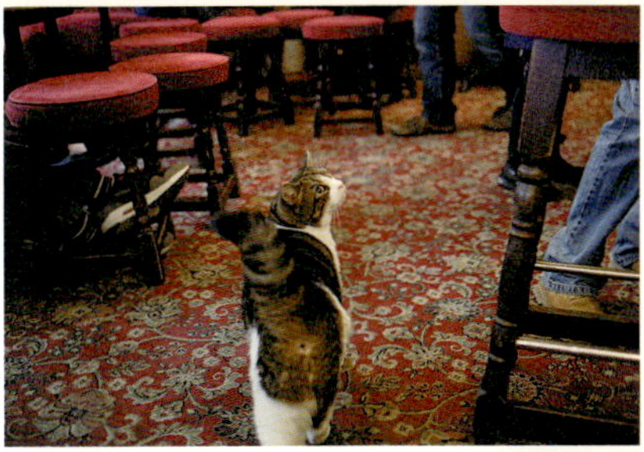

お客さんの様子を
見て回ります。

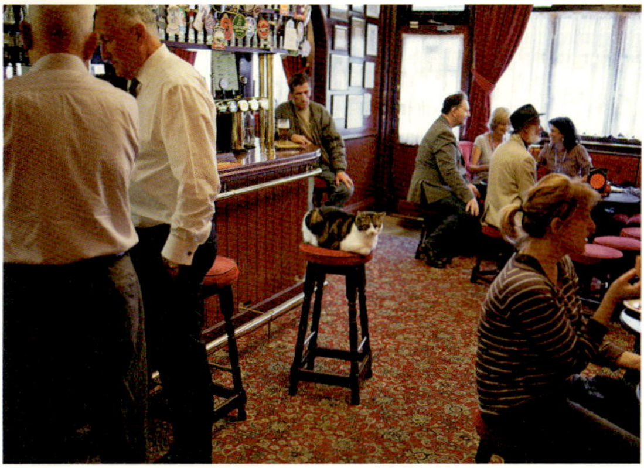

ここがレニーの特等席。

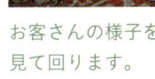

テーブル席のお客さんからレニーを呼ぶ声が掛かれば近くに移動します。

常連さんを待っています

レニーはパブに暮らしています。寝床はパブの２階にあるので、お店が閉店すると上のフロアに上がって休みます。そして朝がきて開店準備が整い、ランチタイムが近づいてお客さんがやってくると、レニーの出番です。カウンターで立ち飲みするお客さんのそばにいたり、テーブル席のあいだをゆっくりと歩き回って「味はどう?」なんて聞いているみたいな素振りを見せたりするところは気配りのできるジェントルマンのよう。そして、お店全体を見渡せるスツールに座り、「今日も繁盛しているな」といわんばかりの態度は、まるで国を見守る王様のよう。

スタッフは、レニーをボスと呼んでいます。体格もどっしりしていてボスの風格……といいたいところですが、これは常連さんに毎日おやつをもらって食べた結果。今日も常連さんのくる夕方５時頃になると、カウンター前のスツールで待機しています。

パッチはとてもシャイで警戒心が強いのです。

シャイな仲間、パッチ

このパブにはレニーと同居している猫がいます。名前はパッチ、８歳。ものすごく人見知りなため、いつも２階にいて、めったに下のフロアに下りてきません。親しい人に撫でられるのは好きで、注目してもらおうと気を引くこともあるそうですが……。人当たりがよく、社交的なレニーとはまるっきり違うキャラクターです。ところが、この撮影のときに奇跡的なことが起こりました。アンさんに連れてこられたわけでもなく、呼ばれたわけでもない

パブの外観。店内禁煙。
タバコを吸う人は外で。

パッチはルイのあとがまとしてやってきました。

のに、そろりそろりと階上から下りてきました。もちろん警戒してはいましたが、最初は壁の裏側からこちらを覗き、そのあと姿を現したのです。スタッフは「今日はこの取材に興味があって下りてきてくれたのかも!?」とびっくり。常連さんでもめったにお目にかかれないパッチにも会えてラッキーでした。時間はかかるかもしれませんが、仲良く暮らすレニーを見習って人見知りを克服し、お店に顔を出してお客さんを喜ばせる日がくるかもしれません。

バーカウンターには、
さまざまなエールのコースターがずらり。

The Shakespeare
ザ・シェイクスピア

Othello
オテロ

あの名作が名前の由来

英国文学の代表的作家といえば、
それはもちろんウィリアム・シェイクスピア。
なんとその名もザ・シェイクスピアというパブでは
彼の代表作から取られた名前の黒猫が
お客さんを待っています。

お客さんに遊んでもらうのも好き。

オットーの愛称で呼ばれるオテロ

図書館、映画館、劇場、アートギャラリー、コンサートホールなど、さまざまな施設が集まっているカルチャー・スポットのバービカン・センター。その目と鼻の先にあるのが、ザ・シェイクスピアです。バービカン・センター内にあるシアターは、もともと劇団のロイヤル・シェイクスピア・カンパニーの本拠地だったこともあり、近隣の人にとってこのパブの名前は納得のいくもの。

そのザ・シェイクスピアで、オーナーのオスカーさんとともにお客さんに接するのが猫のオットー。オットーは愛称で、オテロというのが正式な名前です。「オテロ」は、何度も舞台化や映画化されておなじみのウィリアム・シェイクスピアの作品のひとつです。日本では「オセロ」と読むのが一般的ですが、英語の発音ではオテロ。肌の色の黒い、ムーア人の軍人である主人公の名前です。店名と、黒猫であることから、この名前をつけられたのは当然といえば当然かもしれません。

The Shakespeare
HOME MADE
12"
PIZZA

オスカーさんとのツーショットを撮ろうとしたのに、じっとしてくれないオットー。

オットーとの出会い

パブのオーナーで飼い主のオスカーさんは、もともと猫が飼いたくてときどき動物病院で飼い主募集中の猫をチェックしていたのだそうです。そんなある日、キングス・クロスのビルの谷間で黒い子猫が見つかりました。ビルが工事中だったため現場の作業員たちが餌を与えていましたが、とても小さく、この場所で暮らすのはさすがに危険と判断したのでしょう。作業員は動物病院へ連れていくことにしました。そして、そこでオスカーさんと出会ったのです。2012年11月のことでした。

唯一、明るい光の入る窓辺にて。数秒後にはまた店の奥へと移動。

左：ところどころにシェイクスピア・グッズが飾られている店内。
右：入口には昼でも昔風の明かりが灯っています。

遊ぶのが大好きな、やんちゃ坊主

オットーを訪ねたのは2013年6月です。そのときオットーはまだ生後9カ月で、とにかく遊びたい盛り。オスカーさん曰く「オットーにとっては、なんでもかんでもゲームみたいなものだね。梱包されている箱を開ける音にも反応し、破いた紙にもじゃれつくんだ」。

壁には絵皿のディスプレイ。

オスカーさんの言葉通り、やんちゃなオットー。パブに用意されている猫用のオモチャでじゃらすと、すぐにくらいついてきました。そして、ひとところにじっとしていることはありません。オットーは苦悩するシェイクスピア劇の主人公にはまったく似つかず、むしろ日本の時代劇に登場する忍者のよう。というのも、店内は昼間も落ち着いた控えめな照明のため薄暗く、ソ

好奇心旺盛で、遊びたがりのオットー。動くものを見つけたら、すぐに反応。戦闘態勢（?）に入ります。

ファや床の隅に身を潜めては、突然姿を現すからです。特に黒いソファにいると、ソファと同化してどこにいるのかわかりません。ふと腰掛けたら横にいたり、膝の上を駆け抜けたり、バッグのなかに顔を突っ込んでいたり。でも今のところ、店内に飾られたシェイクスピアの像や作品にちなんだ絵、テーブルの上の備品に被害は及んでいないようです。あれから１年近く経った今、オットーが少し落ち着いてきたのかどうか、ぜひ再訪して確認してみたいものです。

窓の外になにかを発見……目がキラリ。

LONDON

Old Kings Head
オールド・キングス・ヘッド

Sally
サリー

もの怖じしないフレンドリーな猫

もともとはエセックス州という
ロンドン近郊の家に住んでいたサリー。
飼い主の勤務先、ロンドンの人気エリアのパブで
暮らし始めたら、すっかり馴染んで
界隈のお客さんに愛されるパブの看板猫に。

只今、店内を見回り中です。

パブで育った猫

ビジネス街にもほど近く、最近ではアートやファッション関係者から注目されるスポットとしてガイドブックにも取り上げられているショーディッチ・エリア。そこに、地域の人が気楽に訪れるパブ、オールド・キングス・ヘッドがあります。ランチタイムともなれば、食事のできるパブとして、また安くてボリュームのあるサンドウィッチなどをテイクアウトするお客さんもたくさんやってきます。

外で飲みたい人、タバコを
吸いたい人は外のテーブルへ。

鼻の上に木の葉をのせたような顔がキュート。

そんなパブに足を踏み入れると、来店を歓迎してくれる猫のサリーがいます。丸顔と鼻周りの茶色がちょっととぼけたアクセントになっている可愛い女の子。サリーは４歳ですが、子猫の頃からこの店で育っているため、次から次へと訪れるお客さんに対しても堂々としたもの。初めて会う人がカメラを向けてもまったく怖がりません。とてもフレンドリーなサリーに、常連さんたちは声を掛けていきます。

お客さんに食べ物はねだりません。

上：雑誌を読んでいると邪魔しにくるのは猫の習性……。
下：パブのオーナーで飼い主のリタさんと。

おてんば娘サリー

飼い主のリタさんのお住まいはパブの近所ではなくロンドンの隣のエセックス州で、そこから毎日通っています。サリーはもともとリタさんの家で飼われていた２匹の猫のうちの１匹で、このパブに連れてきたらすっかりここでの暮らしが気に入って、結局ここがサリーの家となりました。パブでは、新聞を読んでいる人がいればその上にのってきて読むのを邪魔したり、バーカウンターの柱に爪を引っ掛けぶら下がって遊んだりもします。そんないたずら好きのサリーがつけた傷跡が柱に残っています。

思わず触りたくなる愛らしさ。

これが、サリーがつけた柱の傷です。

店内も外も眺められる絶好の場所はここ。

犬のそばには
近づかないサリー。

サリーが苦手なものは……

猫好きには嬉しいことに、サリーはほぼ１日中パブのなかにいて歩き回ったり、お客さんの足元に座ったりして過ごしているので、営業時間中ならたいてい会うことができます。アルコールは苦手、でもサリーに会いたいという人は、ランチタイムに訪れてスナックとソフトドリンクをオーダーするというのもひとつの手。ここではそんなお客さんも歓迎してくれます。

ランチ時も含め、食事をするお客さんがわりと多いので、店内には猫もそそられるおいしそうな匂いがいつもそこはかとなく漂っています。ところが意外なことにサリーの食の好みははっきりしていて、好物はドライのキャットフードとミルクだけ。それ以外の食べ物にはまったく興味を示さないそうです。そのため、お客さんの食べ物の残りがサリーの胃袋に収まることはありません。

また、ちょっと神経が太いのか、テーブルの上から突然ものが落ちてきたりしても動じないのだそうです。普通の猫ならビクッとしそうなところなのですが……。そんなサリーにも苦手なものがあります。それは、ワンちゃん。このパブは犬連れのお客さんも歓迎していて、犬と一緒に店内に入ることができます。そういうときに限っては、看板猫サリーも逃げ出してしまうことがあるそうです。

The Hoop & Grapes
ザ・フープ&グレイプス

Paris
パリス

高いところが大好きなグルメ猫

大通りに面した、パーティールームも
備える3階建てのパブ。
見上げればそこには、
店の自慢料理も大好きな
高所恐怖症とは無縁の猫がいました。

外壁にはわずかなスペースしかないのに、窓が開いていれば出ようとしたパリス。

3階の窓もなんのその

ファーリンドン駅の近く、大通り沿いにある3階建ての賑わいのあるパブが、ザ・フープ＆グレイプスです。バーカウンターのある1階、そしてその上の2階と3階は、ゆっくり食事も楽しめるダイニングスペース。フロアごとに貸し切ることもできるので、パーティーに利用する人もたくさんいます。

そんなパブを道路から見上げると、黒い生き物の姿が。それがこのお店の看板猫、パリスだったのです。パリスは、建物内を制限されることなく自由に移動します。窓際で通りを眺めるのが好きなのですが、窓の内側だけでなく、窓の外にある鉢の上まで出てしまうので、3階の窓の外にいるのを見つけた人はヒヤヒヤです。窓を開けた先の、花が彩るその植え込みはわずかな幅しかないからです。

一見おとなしそうにしていますが、DJが入るイベントのときにはDJブースに顔を出したりと社交的でした。

ほかの猫とは違う味覚の持ち主。

激辛OKのグルメ猫パリス

パブのなかを自由に歩き回るパリスですが、外に出かけることはないそうです。「よい食事にありつけるし、パブのなかだけでも十分なスペースがあるからだと思う」と話すのは、パブのオーナーで飼い主のマイクさん。

パリスは、キャットフード以外に魚もチーズもなんでも食べます。そんなグルメなパリスには、こんなエピソードが。パブの自慢のメニューには、本格派のカレーがあります。ここのカレーは辛さが10段階に分かれているのですが、ある日、お客さんがそのなかの一番辛い10倍カレーをオーダーしました。するとそれを知ったパリスがすぐにそのお客さんの隣に座りました。邪魔になるといけないので、マイクさんは「パリスを別の場所に移しましょう」と申し出ましたが、お客さんはそれを断りました。

しばらくすると、パリスはそのお客さんの手からカレーを食べさせてもらっていました。その10倍カレーにもまったく動じることなく、さらにほかのおかずももらい、食事をとても楽しんだということでした。

マイクさんと一緒でリラックス。

遊んでもらえるともっと嬉しい。

ケージから幸せなホームへ

パリスは、そのアグレッシヴさゆえに動物保護施設に収容されていた猫でしたが、マイクさんが引き取って相棒として暮らしてきました。マイクさんがパリスを飼い始めた頃は、やはりとても攻撃的な性格でしたが、今では徐々に人に慣れ、パブを訪れるお客さんのアイドルにまでなりました。

じつはこの原稿を書いているときマイクさんから連絡があり、13歳だったパリスが癌で亡くなったことを知りました。マイクさんからは「パリスは晩年を素晴らしい“ホーム”で過ごせ

昔は、暴れん坊だったとはとても思えません。

てよかったと思ってくれたのではないでしょうか。動物保護施設のケージのなかで暮らしているよりも、愛と思いやりに囲まれて暮らすことができて、ずっと幸せだったと思います。だから、パリスが亡くなったことを読者に伝えてほしい」とメッセージがありました。そこには「このことを知らずに読者の方がパリスに会いにパブにいらしたときに、がっかりしてほしくないので……」と添えてありました。マイクさんの、パリスへの愛情がひしひしと伝わる言葉でした。

気持ちが通じ合っているふたり。

The Charlotte Despard

ザ・シャーロット・デスパード

Goose

グース

猫らしくない名を持つ猫

観光スポットも、大きなホテルもない
ロンドンのローカルエリアに
こだわりを持つパブがあります。
そのパブの看板猫は、
ちょっと変わった名前の持ち主です。

名前を冠した看板の下に、道の名前「Despard Road」とあります。

女性活動家の名が由来のパブ

観光客が訪れる機会の少ない、地下鉄アーチウェイ駅から５分ほど歩いたところにあるパブ、ザ・シャーロット・デスパード。シャーロット・デスパードは1844年ケント州に生まれ、のちにチャリティ活動を始めてロンドンの貧困層のために尽力した女性です。その後、父の出身地アイルランドを拠点に、婦人参政論者として活動に身を投じました。彼女の名前のついた道沿いに建つこのパブもまた、彼女に敬意を表してこの名にしたそうです。

名前の由来はお堅いですが、店内は明るくリラックスできる空間。地ビールにこだわっていて、なかでもロンドンにある醸造所から取り寄せる樽生のクラフトエールが数種類飲めるのがここの自慢です。このお店にいるのがまるで口元に白いちょび髭を生やしているように見える、ユニークな風貌のグース。華奢なクリスさんが抱くとかなり大きく見えますが、実際２歳にしてすでに6kgもある猫。毛足が長いのでサイズもかなり大きく見えます。

アメリカのビールになぜ「Goose Island」という名がついたのかは不明です。

猫なのにグース（雁）

このパブに、週3日ほど出勤（?）しているのが長毛の白黒猫のグース。綴りは「Goose」。そう、日本語でいう雁のことです。お店の天井からも、雁のモビールが下がっています。猫なのに鳥の雁？　と不思議そうな私の表情から察したのか、お店のオーナーのクリスさんが教えてくれました。名前は、彼の好きな「Goose Island」というアメリカのビールから取ったものだそうです。

ボトルと紙で作られた
“グース”のモビール。

同居猫のヘンドリクス

じつは、自宅にはグースより１歳半年下の同居猫ヘンドリクスもいるのだそうですが、まだお店には出てきていません。クリスさんの元奥様は猫のブリーダーで、いつも彼女の周りには猫がいました。離婚後、マンチェスターに住む彼女を訪ねたときに１匹の子猫がクリスさんの膝にのってきて、縁を感じた彼はその子を譲り受け、そのまま車でロンドンまで連れてきました。長旅にもかかわらず、その子猫は車に乗っているあいだクリスさんの足にしがみついたままとても静かにしていたそうです。子猫がやってきた当初は、グースもどう対応してよいのかわからず自分があれこれ仕切っていましたが、今はその子猫だったヘンドリクスも成長し、仲良く暮らしています。

グースの一番のお気に入りで、店の顔にふさわしい場所です。

大好物に釣られて棚から出てくるの図。

クイズナイトのメインは……

パブでは日によってイベントを行うことがありますが、一般的なのはクイズナイト。ちょっとした賞品を用意して、飲みながらクイズ大会をします。その日はとても賑わいますが、グースが出勤している日だと様子が違います。みんなグースに触りたくてうずうずし、クイズに集中できないのです。

グースは人嫌いではありませんが、ときどき触りたがるお客さんにうんざりして、壁に空いた穴の向こうに隠れてしまうこともあるそうです。でも、そんなグースを呼び寄せる格好のアイテムがあります。それは、「Twiglets」というスナック菓子。なかでも英国の珍味のひとつ（と私は思っていますが）、塩辛く、クセのある酸味を持つマーマイト味のものがグースのお気に入りで、これを見せると穴から出てくるのです。塩気が強いので、あまり猫にあげるのにふさわしいお菓子ではないのですが……。

The Blind Beggar
ザ・ブラインド・ベガー

Molly
モリー

閉店後は店内パトロール

ロンドンの下町に、
さまざまな歴史を刻んだ
パブがあります。
そこを夜中にひとりで
パトロールする猫がいました。

このパブにはいろいろなエピソードがありますが、クレイ兄弟の話がもっとも有名です。

パブサインには
盲目の物乞いのふりをした男と
娘の絵が描かれています。

変わった名前を持つパブ

パブの名前「ブラインド・ベガー」は、直訳すると「盲目の物乞い」です。オーナーのデイヴィッドさんによると、こんな逸話があるそうです。

13世紀に戦争で視力を失った地主階級の男には美しい娘がいました。求婚者はいたけれど、お金目当ての人間では嫌だと思った父は目の見えない物乞いのふりをして相手を試し、それでも娘を愛すると決めた騎士を結婚相手に選んだ……。

名前の由来はおとぎ話のようです

モリーがいるだけで、場が和みます。

が、パブ周辺は過去にさまざまな犯罪の歴史があり、パブ自体も映画の題材や英国のコメディ・グループ、モンティ・パイソンのネタにもなった双子のギャング、クレイ兄弟が起こした殺人の現場だった、いわくつきの場所。

デイヴィッドさんは、もともと働いていたこのパブを 2005 年に入手し、リニューアルして経営を始めました。そして、働き始めの頃にお客さんが連れてきて、そのまま住むことになったのがメス猫のモリーです。

飾られた絵には「ブラインド・ベガー」に関する物語が描かれていました。

若い頃はネズミ捕りが得意でしたが、
年を取ってからはのんびり過ごしています。

夜中はおまかせ

もともとモリーにはピップというきょうだい猫（オス）がいて、2匹はネズミ捕りの名人だったそうです。そして夜には2匹で、閉店後のお店をネズミから守ってきました。お店は深夜0時に閉店しますが、猫たちは夜中も起きていて店内をパトロールして回り、早朝に眠るというのがパターン。そんな2匹でしたが、2012年のクリスマスの直前にピップは亡くなってしまいました。17歳でした。しばらくのあいだモリーはとても寂しがり、ピップのお気に入りの場所にその姿を求めていたようです。

このビアガーデンの奥に小さな池が作られていて、そこに魚が泳いでいます。
時折それを眺めるのが、モリーの楽しみ。

お気に入りは暖炉脇

お店を訪ねたとき、モリーは17歳と半年を過ぎた頃でした。人間でいえば、おばあさん。でも、顔つきはとても愛らしく、年齢を感じさせません。ただ若い頃のようにネズミ捕りはしなくなり、好きなときに好きなだけ眠る生活になりました。お客さんにはフレンドリーに振る舞いますが、暖炉脇のベンチでくつろぐのが幸せな時間。気が向くと、ビアガーデンの奥にある池の魚を覗いたりもしていました。

じつはこのモリーも、2013年8月の終わりにこの世を去ってしまったということをお店のフェイスブックで知りました。今頃は、天国できょうだい仲良く暮らしていることと思います。

モリーと一緒でニッコリのデイヴィッドさん。

LONDON

Gunmakers
ガンメーカーズ

Purdy
パーディ

お世話マニュアル付きの猫

メリルボーンにあるパブの
地下にあるセラー（貯蔵庫）を
ねぐらにしているパーディには
きちんとしたお世話マニュアルが
用意されていました。

簡単には人に気を許さない、ツンとした態度が魅力でもあります。

年季の入った、黒光りした
バーカウンター。

朝から常連さんをお出迎え

　ガンメーカーズに取材を依頼したところ、10時過ぎにはパブを開けるから午前中にきてほしいといわれました。昼間から飲む人の多いロンドン。とはいえ、早朝から仕事の始まる市場街でもないのに、アルコールを出すパブにしては開店が早いなと思いつつ向かいました。

　すると驚いたことに、すでにカップ

高級住宅地にある、古き良き時代を感じさせる佇まい。

ル客がいたうえ、猫のパーディもそこに。現在パブを任されているのは、取材の3カ月前にやってきたテオさん。オス猫パーディのほうが先輩なのです。そんな話をしているところに、老紳士がやってきました。彼は、このパブが先代の頃からの常連さんで、パーディは推定7歳なのだとアルコールを片手に教えてくれました。

磨りガラスにも
店名が入っています。

近寄ってきてはくれないけれど、じっとこちらを観察しているようです。

アンソーシャブルといわれているけれど

老紳士によれば、パーディはアンソーシャブル（非社交的）な猫。確かに、テオさんに特別懐いているという感じではありません。新参者の私たちは「無理に抱こうとすると爪でガリッとやられるよ」との忠告も受けました。とはいうものの、近づいたからといって威嚇したり、部屋の隅に逃げ込んでしまったりというようなこともないのです。相手を観察し、距離を置いているといった感じ。人の出入りの多いパブに何年かいるわりには、人慣れしていないのかもしれません。ただ大きなマウンテンドッグを連れたお客さんが毎日やってくるけれど、逃げ出すことなくケンカもしないでじっとしているというので、肝っ玉はすわっているようです。

常連の老紳士と。何十年か前に、タイムスリップしたのではないかと思うような風景です。

パーディのお世話マニュアル

パーディのねぐらを覗いてみました。ワインセラーと物置を兼ねたような場所で、バーカウンターの脇から階段で下りていきます。薄暗いその部屋にはパーディ用のベッドがあり、壁になにやら箇条書きされた紙が貼りつけてありました。

そこには、こうあります。

- パーディが鳴いたからといって餌を与えないでください。餌を与えていいのは朝夕２回のみ。朝一番と寝る前だけです。
- 一度の食事はウェットフード半パックとドライフードひと掴みを合わせた分です。
- 食器はいつも清潔にしてあげてください。誰だって汚い食器では食べたくないですよね。彼だって同じです。
- むやみにおやつは与えないでください。おやつは食事ではありません。たまにあげる程度にしましょう。
- トイレのトレーは毎日清潔にしてあげましょう。誰も自分のウンチの上に立ちたくないでしょう。
- ベッドのマットは少なくとも２週に一度、できれば毎週洗濯してあげてください。

結構きっちりしたお世話マニュアルです。これをパブのスタッフが守って、パーディも快適、お客さんも快適。つまりは、みんなが楽しくパブで過ごせるというわけです。

食事の量もコントロールされているので、おやつはネズミ？かと思いきや、なんと7年のあいだに一度しか捕まえてきたことがないのだとか。

地下のセラーに通じる急な階段。

Harlingford Hotel
ハーリングフォード・ホテル

Zizi
ジジ

日本にご縁のあるホテルオーナーの猫

ロンドンを拠点に、
英国観光をしたいと思っている
動物好きにおすすめのホテルがあります。
ホテルには猫だけでなく、
犬やカメ、熱帯魚もいて、
ゲストを和ませてくれています。

ジジ・ジャンメールの影響で、表情豊かで表現力たっぷり!?

英国観光の拠点にぴったりのホテル

観光至便なブルームズベリー地区に建ち、複数の地下鉄や地方都市へアクセスする大きな鉄道駅へも徒歩圏。ロンドン内を動き回る観光客にとっても、地方都市への拠点にするにも、便利なロケーションにあるハーリングフォード・ホテル。一時期、東京のメディカルスクールで講師をしていた経験があるというフィリップさんが、このホテルのオーナーです。

ホテルには、5年ほど前からジジという名の猫がいます。ジジはトータシェル、つまりまだら模様の女の子。黒と赤茶色、ちょっぴり白い毛も混ざっています。名前はかつて人気を博したバレリーナでかつ女優、歌手でもあったジジ・ジャンメール（夫はローラン・プティ）にあやかってつけられました。

MIDNIGHT IN THE GARDEN
NATIONAL
GRAPHIC

じっとしていても、この目ヂカラにやられます。

ホテルのスタッフはみな動物好き

ホテルには動物好きのスタッフが多く、ジジはスタッフのひとりが「猫を飼いたい！」と言い出したのがきっかけで飼うことになりました。ちなみにこのホテルには２歳のジャック・ラッセル・テリアのチヨノフジと、カメもいます。チヨノフジは、フィリップさんが日本にいたときのお気に入りの力士、千代の富士（現在は九重親方）にあやかった名で、愛称のチヨで呼ばれています。ここに最近、熱帯魚も加わったらしいのですが、「スタッフそれぞれが違うペットを飼いたがるのでどんどんメンバーが増えて、現在の状態になってしまった」とフィリップさん。でもそんな動物好きのスタッフと動物たちがアットホームな雰囲気を作り上げていることは確かです。

ホテルの動物たちを全員集合させるのは、
なかなか難しいのです。

チヨ「遊ぼうよ」。ジジ「今は気分じゃないの」。

寒くなれば暖炉の前にやってきます。

ジジは女王様、それともおてんば娘?

チヨは普段、チェックイン・カウンター内でスタッフとともにゲストを迎えることが多いのですが、ジジはチヨより気まぐれなところがあり、午前中はあまり姿を見せません。ホテルに宿泊してジジに会いたいと思ったら、午後が一番遭遇率が高い、とのフィリップさん情報あり。

夏になれば、ホテルの入口に続く階段の一番上の段に、まるでシバの女王のように座っています。その様子を時折通りすがりの人が写真に収めていくこともあるそうです。また前足でドアをノックすることを覚えたジジは、ノックしてはスタッフにドアを開けさせるのですが、ときには10分おきにそれを繰り返します。「どうやらスタッフを自分の召使いのように考えていて、試しているようで迷惑なんだよね」とフィリップさん。

外の階段にいることもあれば、室内でチヨと追いかけっこをしていることもあります。ジジとチヨは、ときどき狂ったように遊びまくるときがあり、

窓枠にもひょいひょいと上ります。

このホテルの隣も、
別のホテルが
並んでいます。

上の階から下の階、ホールに下りてきたかと思うと階段からゲスト用ラウンジに走り込んできたりもします。ラウンジの椅子の陰で、ジジがチヨを待ち構えていたりもします。もちろん楽しんでいるのであって、ケンカをしているわけではありません。また気まぐれなジジですから、気が向けば勝手に出かけていきます。ホテルの目の前には小さな公園があり、遊び場には事欠きません。恵まれた環境で暮らせるジジは、幸せ者です。

ジジが木で爪研ぎをしているのを目撃。
大木もオモチャ?

LONDON

The Colonnade

ザ・コロネイド

Minnie

ミニー

代々、猫がロビーでお出迎え

印象的な白い瀟洒な館。
ドアの向こうには上品な、
レセプションを兼ねたロビーがあります。
ここにはゲストを出迎える、
猫が常駐しています。

ミステリアスなまだら模様が印象的です。

オーナーも猫も代替わり

じつはこのホテルは、以前私が出版した『英国猫まみれ紀行』でも紹介しています。当時は、マウスという名前の看板猫がいました。マウスは、飼い主だったオーナーがホテルを辞めても、“ホテルの顔”ということでスタッフに託され残りました。けれど、私が最後にマウスに会ったのは、今からもう10年以上前のこと。さすがに高齢になったマウスは、引き継いだオーナーが辞めるときに一緒に引退し、その人に引き取られたということです。

ところが数年前、ザ・コロネイドに猫がいるということを知り、問い合わせてみると確かにミニーというメス猫がいることがわかりました。オーナーが数度替わっても、このホテルには猫がつねにいるというわけです。ミニーは前オーナーに替わった際に連れてこられたとか。そのオーナーも辞めてしまったものの、ミニーはホテルに残ったということでした。

ロビーにゲストがいないときは、レセプションの椅子にのったり、
スタッフに遊んでもらったり。

こんなドアストッパーが
使われていました。

ロビーで悠々過ごす猫

ホテルのロビーに足を踏み入れると、その隅にまだら模様の猫を発見。現在の看板猫、ミニーです。12歳を過ぎたあたりというミニーは、ゆったりと周辺を歩いたり、休んだり、ときにはエントランスの階段付近で、ゲストを乗せたタクシーがくるのを見ていたり。ロビーにはお茶を飲んでくつろぐ人もいるので、邪魔をしないようにおとなしくしています。でも、ロビーに人がいないときは、ホテルのスタッフにオモチャで遊んでもらったりもします。ちなみに、チェックイン用のデスクの裏側にある事務室には、ミニーのために用意された水とフードのボウルや爪研ぎ、オモチャなどがあります。エントランスからロビーまで、さながらミニーの庭、といえるでしょう。

ホテルのドアノブには、
このカードで意思表示。

事務所にあった
ミニーの爪研ぎとボウル。

ファンから送られてくる写真

このホテルのゲストは、いつも心を和ませてくれるミニーのファンになってしまいます。どこかおっとりした雰囲気が、旅の疲れを癒してくれるからです。そして、記念に写真を撮ってくれる人も多いのです。

ホテルのスタッフが「ゲストが送ってくれたんですよ」と、見せてくれたのはフォト・アルバム。そこにはプリントされたミニーの写真がたくさん入っていました。

ロビーに常駐し、お出迎え、お見送りをしてくれるミニー。名残惜しくなって、次もまた泊まりたくなります。このホテルにリピーターが多いのはミニー効果かもしれません。

The Colonnade

いくつもの歴史を刻んだ場所

ロンドンを流れる運河が近くにあり、美しい水の都になぞらえて「リトル・ヴェニス」と呼ばれる閑静な高級住宅地に建つザ・コロネイド。もともとは1865年に邸宅として建てられました。1880年に寄宿学校として使われるようになりましたが、1886年に婦人科の病院となり、その後ホテルとして改装されました。

ここが病院だった時代の1912年に、数学者で第二次世界大戦中に暗号解読者として活躍したアラン・チューリングが生まれました。彼は天才的な頭脳と業績がありながら、当時は同性愛者ということで罪に問われたこともあります。そして、41歳の若さで悲劇的な最期を迎えます。ホテルの外壁には、チューリングの生誕の地だということを伝えるブルー・プラーク*がはめ込まれています。またホテルのなかにも、チューリングのプロフィール付きの写真が飾られていました。

さらに、オーストリアに暮らしていた精神分析学者のジークムント・フロイトもこの場所にゆかりがあります。第二次世界大戦でナチスの迫害が激化し、ユダヤ人のフロイトが1938年にロンドンへと逃れてきた際、夏の一時期を過ごしたのがこの場所でした。そのときここはすでにホテルとなっており、エスプラネード・ホテルという名前でした。やがてホテルはコロネイドと名前を替えることとなり、オーナーが替わりながらも現在に至ります。私が最初にここに宿泊した1990年代の終わりは、友人に「ここは佐野元春さんのロンドンの常宿」と教えられましたが、その数年後に宿泊したときにはオアシスのリアム・ギャラガーとロビーで遭遇し、驚いたものでした。

＊歴史的にも有名な人物の生誕地やかつての居住地、また特別な出来事があった場所に設置されている。英国各地にあり、年々数が増えている。

アラン・チューリングの
写真がホテル内に
飾られていました。

ホテルの外壁に
はめ込まれた
ブルー・プラーク。

フロイトが写った昔のホテルの外観の写真が、ホテルのポストカードに。

The Rookery
ザ・ルーカリー

Lady Grey
レディ・グレイ

家庭の事情からホテルのスタッフ猫に

お嬢様をイメージさせる名を持つ
ホテル猫、レディ・グレイ。
ここにやってくるまでには
ちょっと残念な事情がありましたが、
今は楽しい暮らしです。

同居犬と折り合えず

ここ数年、流行に敏感なロンドンっ子に人気が出てきている地域クラーケンウェルに、かなり個性的なブティックホテルがあります。名前は、ザ・ルーカリー。英語に詳しい人なら首を傾げるネーミングです。これについては別途説明するとして、このホテルにはレディ・グレイという名の猫がいます。ロンドンでも有名なバタシー・ドッグス＆キャッツ・ホーム*という動物愛護団体の施設からやってきました。

そもそもレディ・グレイが施設に収容された理由はかわいそうでした。飼い主がこの猫を飼い始めて数年後に犬も飼い始めたのですが、この2匹の折り合いが悪く、猫のほうを手放すことにして施設に連れてこられたのです。ちょうどその頃、ザ・ルーカリーのオーナーとスタッフはホテルに猫を迎えることで素敵な雰囲気が加わり、家庭的な感じが出るのでは、と考えていました。そこでオーナーはこの施設を訪ね、ここにいたレディ・グレイと縁組をしたのです。もともとは単純にグレイと呼ばれていましたが、どこか特別な感じがあるので「レディ・グレイ」のほうがふさわしいと施設のスタッフが名前にひと工夫。ホテルのみんなも、ザ・ルーカリーにぴったりの名前の猫と思ったそうです。

＊2011年から英国の首相官邸ネズミ捕獲長（現在は捕獲員に降格）を務めるラリーもこの施設出身。

ザ・ライブラリーという名前のミーティングルームは、レディ・グレイの好きな場所のひとつ。

レセプションからの眺め。
奥がミーティングルーム。

外よりホテルのなかが好き

レディ・グレイは家庭の飼い猫だったので、トイレなど一般的な躾はされていました。ですが、ホテルの環境に慣れるまでには少し時間がかかりました。確かに家族だけの個人宅と、多くの人が出入りするホテルでは勝手が違い、戸惑うことも多いはずです。レディ・グレイの行動範囲は特に制限はされず、締め出されることもありませんが、めったに外出はしません。ホテ

本は読めないけれど、ときに思索にふけります。

ルのなかにいるほうが暖かいし、動き回る場所もたっぷりあると知っているからです。ホテルのなかにはレディ・グレイのお気に入りの昼寝場所もいくつかあるのですが、そのうちのひとつはミーティングルームのテーブルの下に収まっている椅子。椅子を引き出したらそこにレディ・グレイが丸まっていてびっくり！　ということが何度もあるそうです。

ディスプレイとしても美しい、
古書が揃っています。

見落としてしまいそうなほど、さりげないエントランス。

ホテルにはビジネス客も多く、仕事でしばらく自分の飼い猫に会えない寂しさをレディ・グレイで紛らわせている人もいます。レディ・グレイの写真を撮り、それを家族に送るお客さんも多いとか。

意外にもちゃっかり者

レディ・グレイは、おとなしそうな外見と貴婦人を思わせる名前とは裏腹に、結構食いしん坊です。シフトによってキャットフードをくれるスタッフが違うことをわかっているらしく、スタッフが入れ替わるたびにフードがしまってある場所に連れていきます。まず階段の下（フードがしまってあるのは階下の棚）で待ち構え、シフト交替をしたばかりの人の足元にじゃれついてフードのある場所へと導きます。ちゃっかりこの方法で、1日に5回もフードをもらっていたということが発覚しました。なかなかの知恵者です。このことに気づいてからは、こんなレディ・グレイの手口にだまされず、きちんと食事回数をチェックするようになったそうです。

The Rookery

時代を超える不思議な館

ザ・ルーカリーはゲストでなければ、そこがホテルとは気づかない変わった建物です。カウクロス・ストリートという通り沿いに建っているのですが、外壁にButcher（精肉店）という文字を塗りつぶした跡があるのでなおさらです。さらに別の外壁には牛の頭部の彫刻が並んでいますが、これはすぐそばにあるスミスフィールド精肉（古くは家畜）市場と関係があることを示しています。牛の売買のために市場へ向かう通りなので、カウクロス・ストリート（牛が行き交う通り）と呼ばれるようになったようです。

ホテルはジョージ王朝様式の建物で、内装にはアンティーク家具と、もとからあったオリジナル家具を修復したものを使っています。肖像画はどれもオークションや販売から購入したもので、多くは部屋の名前の由来となった人々です。ルーカリーとは、貧民窟やスラムを意味します。そういった場所には泥棒や犯罪者の居場所があり、18世紀半ばにはルーカリーという言葉が犯罪の巣窟のことを指していました。そんな地域にはさまざまな人たちが住んでいました。パン職人やテーラー、薬剤師、医者、そういった人たちの下で働くメイドや子守などのほか、タワー・ブリッジを造った建築家や聖職者など。社会貢献をした立派な人や、身ひとつで成功者となった人もいます。また伯爵夫人の使用人の娘として生まれ、薬剤師の使用人となり、やがてダイヤモンド商人の妻となって幸せに暮らしたという玉の輿のような話も。ただ土地柄ゆえ、危険な香りのする人たちもたくさんいました。娼婦、泥棒、殺人犯、腕の悪い死刑執行人……。多種多様な人生がその小さなエリアにはありました。

もっとも古い住人の記録は1832年で、それはこの年初めて国勢調査が行われたからで、それ以前の記録についてははっきりしていません。ホテルの部屋の

一見、ホテルに見えません。

縦に並ぶ牛の頭。

館内に飾られた牛の売買の絵。

多くは、19世紀当時の住人の名前がつけられています（1832年以前の住人の名前も）。住人について知ると、当時の暮らしが浮かび上がってくるようです。私が宿泊した部屋にはトーマス・パーシーという名がついていました。ホテルの資料によると、彼の記録はこのような感じです。

＊＊＊

1828年ハックニーに生まれ、12歳から叔父の居酒屋でワイン商人のことを学ぶため見習いを開始。ところが約3年、ワインを詰めてセラーに運ぶだけの生活でした。本人の記録によれば、「もともと弱かった体が暗く湿ったセラーに閉じ込められたことによって悪化した。ときどき朝の7時と8時のあいだに30分ほど外に出て空を眺め、新鮮な空気を吸い、“監獄”の近くを歩き回った」。仕事の軽減も環境の改善も認められず、体調を崩し、その後、現在のホテルのある場所に住んでいたチーズ職人ナサニエル・バット（彼の名も部屋の名前に）の使用人となるも1865年1月1日、37歳のときに肺炎で亡くなりました。

＊＊＊

さすがにホテルですから、そのトーマスが暮らしていた部屋の再現というわけではありませんが、アンティーク感たっぷりでタイムスリップしたような造りです。特にバスルームには猫足のついたバスタブがあり、そのなかで体を洗うタイプ。トイレは頭上に木箱のようなタンクがあり、チェーンのついたレバーを引っ張って水を流す旧式のもの。機能的かつ現代的なバスルームに慣れた人には、使い勝手は微妙です。また廊下に出てみると薄暗い照明、突き当たりの壁にはだまし絵のように描かれた、不安げな表情の女性の姿。夜ひとりで通ると少しゾクッとします。そんなホテルのなかで100年前、200年前のロンドンを想像しながら過ごすのも、面白いかもしれません。

客室のドアに名前が。

クラシカルなバスルーム。

廊下の先に見えるのは…誰？

Clifford Arms
クリフォード・アームズ

Bruce
ブルース

辛かった過去から幸せな日々に

英国南西部の海の近くに、地元住民からも
観光客からも愛されるパブがあります。
いくつもの荒波を越えてきた猫は
人のよい飼い主に恵まれて
ここが安住の地になりました。

海辺にも徒歩で行ける、素敵なロケーションにあるパブです。

海沿いの村ののどかなパブ

ロンドンから電車で３時間半以上、さらに最寄り駅から車で30分ほど行ったデヴォン州の海辺の街にクリフォード・アームズというパブがあります。英国のビーチリゾートの趣が漂うパブで、近隣の人たちや、ドライブで立ち寄る観光客もたくさんいます。木のぬくもりを感じる居心地のいい店内では、ときどきバンドの生演奏があり、また広々としたビアガーデン（パブのバックガーデンにあります）は夏のオアシスといった感じです。ワンちゃんもウェルカム、と謳っているこのパブですが、オーナーのマイクさんが飼っているのは犬ではなく、元気なオス猫のブルースです。

飼い主に捨てられたうえ、交通事故に……

ブルースは、おおよそ7歳ぐらい。子猫の頃からマイクさんが経営するパブによく姿を見せ、ビアガーデンに生えているパームツリーに登ったりしていました。ところがブルースの飼い主は彼を置いて引っ越してしまったために帰る家を失い、村のなかをうろつくようになりました。飼い猫から野良になったブルースは、猫ドアのある家の室内に入りこんで、飼い猫の餌を盗み食いするようになりました。

さらに、辛い事件が起こります。ある日ブルースは、パブの近くにある道路で車に轢かれてしまいます。動物病院に運び込まれましたが、その時点ではブルースの飼い主がいなかったため、動物愛護団体のキャッツ・プロテクション・リーグ（Cats Protection League）*1 のスタッフがダートムーア*2 にある施設に連れていき、回復を待つことになりました。マイクさん夫妻はブルースを助けようと、治療のための募金を集めました。またこの地方の景勝地であるダートムーアにドライブする際には、施設にいるブルースのお見舞いに立ち寄ったりもしました。

ブルースの笑えるエピソードは、ある日、屋根に上ってバスルームの窓を開けてしまったこと。そこにはなんとお風呂に入っている大家さん（女性）がいたのでした。

その後、キャッツ・プロテクション・リーグから村に「誰かブルースを受け入れることのできる人はいませんか？」と問い合わせがありました。村の住人のなかに受け入れ先がないのなら、と人のよいマイクさんが名乗り出て、ブルースの飼い主になりました。そのときからすでに5年が経っています。

＊1 猫の愛護団体のひとつで、運営費はおもに寄付でまかなっている。本部はサセックス州にあり、英国内に250を超える支部がある。

＊2 英国のデヴォン州にある国立公園。ハイキング客が訪れる荒野で、シャーロック・ホームズの活躍する物語のうち「バスカヴィル家の犬」の舞台にもなった。

リゾート感を与えてくれる、パームツリーがパブの目印。

100% 自分のテリトリーであるパブの室内では、穏やかに過ごしています。

今ではすっかりパブの顔

よい飼い主さんとめぐり会い、やっと安心できる場所と毎日の食事のある暮らし、安住の地を得たブルース。そのせいかテリトリー意識が強く、外部から猫がブルースの暮らすパブの庭に入ってくると自分の場所を守るため、時折ケンカになってしまうのだそうです。また、きちんと自宅といえる場所ができても、以前と同じように村のなかを歩き回っていて、村の住民とは顔見知りです。

自宅でのブルースのお気に入りの場所は、日光浴をする窓際。そして、清掃用道具棚の扉の前。これは、棚のなかにブルースのおやつが入っているから。たぶん、おやつをもらうために待機する意味もあるのでしょう。

クリフォード・アームズでは毎週月曜日の夜に、ジャズなどの音楽ライブが行われます。バンドがやってくる日、ブルースはいつも「自分の家でなにを始めるんだ？」といった態度でバンドの観察をしています。特にドラムのチェックは念入りにしているようです。

Trafalgar Bay
トラファルガー・ベイ

Marco
マルコ

心に傷を持つ猫、癒す猫

英国の古都、ヨークにもパブがたくさんあります。
ここ、トラファルガー・ベイは
観光客よりも地元の人で賑わいます。
パブの上階に飼い主と暮らす2匹の猫が
たまに顔を出してくれます。

Alice
アリス

ドーンさんにロマンチックな風景を思い起こさせる名を持つ猫です。

ヴァレンタインの贈り物

トラファルガー・ベイは112ページで紹介した宿、ザ・ファージングズのオーナーから教えてもらったパブで、宿から徒歩7分ほどのところにあります。ヨークの街を取り囲む防壁、シティ・ウォールズの近くにありますが、大聖堂やミュージアムなどの観光スポットや繁華街とは少し離れているので地元のお客さんが中心です。

このパブには、2匹の猫がいます。7年前のヴァレンタインに、ご主人のデレクさんから奥様のドーンさんに贈られた、シャム猫のペアです。

メス猫にはリアルト、オス猫にはマルコ（英語の発音ではマーコ）と、それそれヴェニスにある観光客に人気のリアルト橋とサン・マルコ広場から取った名前をつけて可愛がっていました。でも残念なことに、今はもうリアルトはいません。

デレクさんのマルコを見る瞳は温かい。

店を切り盛りするデレクさんは、何十年か前に日本で仕事をしていたこともあり、片言の日本語は覚えていると話してくれました。

悲しみに沈む猫

このパブを任されることになった夫妻は、６年半前に猫たちとともに引っ越してきました。以前暮らしていた家は周囲が畑ばかりでしたが、パブは車道に面していて交通量も多いため、猫たちはビアガーデンでもある庭で過ごすことはあっても道路に出ることはありませんでした。

徐々に新しい場所に慣れ、家の外も少しずつ出歩くようになった２匹でしたが、ショッキングな事件が起こります。１年前、リアルトが道路に出たところ、車に轢かれて死んでしまったのです。それ以来、マルコは部屋にこもるようになりました。外出しなくなり、人が抱っこして連れていかない限り庭にさえ出ることもなくなってしまいました。

マルコとアリス。どちらもスリムな体型です。

上：ドーンさんの手にかかっては、されるがまま。
下：今は心の傷も癒えてきたマルコ。

エキゾチックな風貌を持つアリス。

新しいパートナー

元気のないマルコを心配して、デレクさんとドーンさんは新たなパートナーを迎えることを決心しました。それがアリスです。

アリスはヨークから少し離れたシェフィールドの動物保護施設から、里子として受け入れることになりました。アリスは、もともとはブリーダーのところにいたオリエンタル・ショートヘア。ところが詳細はわかりませんが、ブリーダーが手放してしまい、いったん動物保護施設に引き取られたのです。その後、夫妻が受け入れることになりました。2歳でパブにやってきてから10カ月が経ちますが、2匹が仲良くなるまでには半年以上かかったそうです。

アリスがやってきて、リアルトを失った悲しみが徐々に癒え、マルコは再び庭に出てくつろぐようになりました。ただ不思議なことに、人に抱かれて庭に出ていたマルコが、今では人に

左上：ひとりで庭に出られるようになったマルコ。
左下：このパブのグラスの底にはヨーク家の象徴、白バラ模様が。
右上：アリスとデレクさんも仲良し。
右下：おやつの時間。

抱かれるのはあまり好きではなくなってしまったのだとか。

猫たちはちょっとシャイなので、いつもパブに顔を出しているとは限りませんが、運がよければ庭で日向ぼっこをしている２匹に会えるかもしれません。ヨークに本社があるサミュエル・スミスという地元のビールのみを扱っているこのパブでグラスを傾けつつ、のんびり待ってみるのもいいかもしれません。

トラファルガー・ベイの
パブサインは地図が図柄です。

YORK

The Plough Inn
ザ・プラウ・イン

Tom
トム

思わず声を掛けたくなる表情の猫

ヨークのパブレストランには、
縞模様のジンジャー・キャットがいます。
「おなかが空いているの？」と
なぜか声を掛けたくなる
しぐさと表情の持ち主です。

動物好きのスーさんに愛される猫たち。

予想外の誕生

ジンジャー・オレンジと白の縞模様の猫トムは、ヨークにあるパブレストラン、ザ・プラウ・インの看板猫です。お店のウェブサイトを見ると、トムの写真がトップ画像のひとつとして現れます。マネージャーのスーさんの猫なのですが、もともとお母様が猫のブリーダーなのだそう。猫だけでなく犬も好きだった家族が、2匹のジャック・ラッセル・テリア、ティリーとスパイダーを家に迎えたところ先住猫が逃げてしまい、戻ってきたときにその猫が妊娠していたことが発覚。予想外の事態でした。結局、お相手がどんな猫かわからぬまま誕生したのがトムでした。

その後、トムはジャック・ラッセル・テリアの暮らす自宅ではなくパブに住むことになり、すでに13年ほど経ちました。現在、自宅には犬たちだけでなく、黒猫のジェスとグレーの猫マディも暮らしていると、写真を見せてくれました。自宅にも職場にも、猫がいるというわけです。

2匹だった看板猫

ザ・プラウ・インには以前、トムのほかにジョージィというグレー系の縞模様のメス猫がいました。ところが取材直前に、残念ながら腫瘍が原因で亡くなってしまいました。ジョージィはトムとはきょうだいではありませんでしたが、とても仲がよかったそうです。仲がよいだけではなく、一緒にイタズラもしていました。

あるクリスマスのこと。前日にクリスマスにふさわしい店内のセッティングをしてスタッフが帰宅したところ、翌朝すべてがめちゃめちゃの状態になっていたそうです。泥棒に入られたわけでもなく、お店に残されていたのはトムとジョージィのみ。彼らの仕業でなかったら、悪魔の仕業ということになるでしょう。

猫好きに嬉しい小物が店内のあちこちに。

上：バーカウンターの前に
座り、この表情。なにかを
訴えているようです。
下：「なにか欲しいの?」と
声を掛けたくなります。

ちゃっかりディナーに同席

ひとりになってしまったトムが寂しくはないかと店内に設置した監視カメラ（本来は防犯用）を見てみたところ、意外な姿が映っていました。そこにはなんと、ひとりでオモチャを空中に放り投げ、自分でキャッチするなど、活発に遊びまくるトムが録画されていたのです。

また、ちゃっかりエピソードとしては、こんな出来事も。ある日、4人でディナーを予約したいという連絡が入り、席を用意したところ、実際には3人しかくることができずに椅子がひとつ空きました。するとそこに、トムがお客さんのようにちょこんと座ってしまったのです。席からつまみ出されるどころか、3人のお客さんからはフィレステーキやチキン料理など、ご馳走をたくさんもらったのだそうです。

ちょうどお店を訪ねた日も、下から食事中のお客さんを無言でじっと見つめたり、同情を誘うような面持ちで空いた椅子に座っているトムの姿がありました。そんな姿を見たら、「おなかが空いているの？」と思わず声を掛けてしまいます。そして、本当はいけないとわかっていても、こっそりお肉の切れ端をあげてしまいそうです。トムはそうやって優しい視線を注がれて、幸せに暮らしています。

白い壁が印象的な外観。奥には広いダイニングスペースとビアガーデンがあります。

その視線の先には……?

トムの姿を見て、微笑むお客さん。

カウンターでちょっと1杯という使い方もできれば、テーブルでゆっくりランチやディナーも楽しめるお店。そのフロアをよく見てみると、お客さんの足元にいつのまにかトムが。

The Farthings
ザ・ファージングズ

Millie
ミリー

遊びが大好きなおてんば猫

防壁に囲まれた歴史の街、
ヨークで人気の宿、ザ・ファージングズ。
ここには動物愛護団体からやってきた
黒猫ミリーがいて、毎日元気いっぱいに
楽しく過ごしています。

客室に遊びにきたミリー。

愛護団体からやってきました

12世紀から14世紀のあいだに造られたといわれる防壁に囲まれ、中世の趣があちこちに残る古都ヨーク。国内外からたくさんの人が集まる観光地です。中心地からは少し歩きますが、閑静な住宅街に可愛らしいゲスト・ハウス、ザ・ファージングズがあります。室内のあちこちに猫の置物が飾られて、宿のオーナーが猫好きなのがすぐにわかります。

ここには、生後5カ月の子猫のときにやってきて現在3歳になる黒猫のミリーがいます。ミリーはRSPCA*という動物愛護団体で保護されていた猫です。ミリーの飼い主はケヴィンさん、ヘレンさん夫妻。もう1匹の猫シドニーと、犬のアニーと一緒に暮らしています。ミリーは人見知りをしないのですが、シドニーはとてもシャイなので、夫妻以外には姿を見せてくれま

動物好きの夫妻のもとで、安心して暮らすミリーとアニー。

アニーは、グレイハウンド系の混血のメス犬。グレイハウンドは、サイトドッグ（視覚に優れた猟犬）と呼ばれ、ウサギ狩りのために飼われていました。とても速く走りますがその優しい気質から、ほとんどの人が純粋にペットとして飼っています。

せん。またアニーは、グレイハウンドというウサギ狩りに使われた犬種の血が混ざっていますが、性格は優しく、猟犬としてではなくペットとして飼っています。動物たちはみな仲がよく、そのなかでもミリーは、ファミリーのボスのような存在なのだとか。

＊王立動物虐待防止協会（The Royal Society for the Prevention of Cruelty to Animals）。1824年に設立された動物愛護思想の普及と、動物虐待の防止を目的とし、活動している英国の団体。

1本の靴紐も、ミリーにとっては
絶好の遊び道具なのです。

ミリーの遊び道具

ミリーは、育ち盛りの遊び好き。普段はキャットフードを食べていますが、ハムやターキーも大好物。たまにゲストの朝食の食べ残しももらえて大満足です。それでもスリムな体型を保っているのは、適度なごはんの量か、運動量のおかげかもしれません。

靴紐で遊ぶのが大好きで、夫妻は何本かの靴紐をワインラックに垂らしておきます。そうしておけば彼女が遊びたくなったとき、自分でそれを床に引っぱり下ろせるからです。そして遊んでくれそうな人の顔を見て、ニャーと鳴きます。ミリーに声を掛けられたらすぐに遊んでやらないと、足音を立てて要求してくるそうです。ほかには、キャットニップ（猫の好きな匂いのするハーブ）入りのネズミのオモチャが大好き。それがあると狂ったようにデスクの周りを転げ回り、すべての書

類をまき散らすことになります。

　ミリーは、ゲストが不在のときだけ外遊びを許されます。そんなときはいつもの場所に戻りたがりません。また、革張りの椅子の下に隠れたり、収納棚のうしろに隠れてしまうこともあります。そうなると真っ黒なミリーは暗がりに同化してしまい、懐中電灯がなければなかなか見つけることができません。

宿のエントランス。
緑色のペイントが印象的。

今日も楽しいことを探して、ミリーのアンテナが動きます。

2段ジャンプでゲストもびっくり

　遊び好きなミリーらしいエピソードもあります。ミリーが最初に家にきたとき、夫妻は自転車を2台持っていて裏庭に面した客室の窓の下に置いていました。夏の暑い日には、ゲストはよく涼を取るために窓を大きく開けています。ミリーは、ジャンプすると自転車の上に乗れるということに気づきました。そこからさらに窓辺に上り、ベッドルームに入れるということも。何度か、夜になるとミリーはジャンプして部屋に入り、ゲストと一緒に短いうたた寝をしていました。たいていゲストが起きる前には帰るのですが、なかには知らぬ間にベッドにきていたミリーに気づいて驚くゲストもいました。幸い、みな猫好きなので笑い話にしてくれましたし、こういったイタズラにも慣れてくれました。ですが、ゲストに恥ずかしい思いをさせてもいけないので、その後トラブルがないように自転車は動かしたそうです。

GLASGOW

Alamo Guest House

アラモ・ゲスト・ハウス

Flash

フラッシュ

ゲストを歓迎するご長寿猫

スコットランドの大都市、
グラスゴーにある人気の宿に暮らす
オスのご長寿猫。
毎日元気に玄関で
ゲストをお出迎えしてくれます。

子どもから、スコットランドらしいキルト姿の男性まで、ゲストはさまざま。

素敵なロケーションの宿で出迎える猫

スコットランドでも人口最大の大都市であるグラスゴーは、エディンバラに比べると観光地としては少し地味。ですが、世界的に名の知られた建築家でデザイナーのマッキントッシュの作品を数多く見ることができたり、かつて中村俊輔選手が所属したフットボールチーム、セルティックのホームや有名バンドを生み出したライブハウスがあることで知られています。

そのグラスゴーのなかでも静かで文化的な香りのする地域にあるのが、アラモ・ゲスト・ハウスです。徒歩数分のところにはグラスゴー大学や博物館、ギャラリーがあります。このゲスト・ハウスには、宿の顔ともいうべきご長寿猫がいます。オス猫のフラッシュです。玄関奥に専用スペースを持ち、ゲストのチェックインやチェックアウトに立ち会っています。

上：入口の階段に座っていることも。
下：フラッシュは入れないダイニングルーム。

なんと御年21歳

じつは、この宿には私と1週間ほどのすれ違いで知人が宿泊していました。彼女の情報では「フラッシュは怪我で入院中」。もしかして会えないのでは……という不安を抱きつつ宿に到着してみると、玄関先にいました！　フラッシュが!!　前足に怪我をしたということでしたが、すっかり治っていたようで安心しました。

怪我の理由は、近所をお散歩中にほかの猫とケンカになってやられてしまったらしい、とのことでした。もともと争いごとはしない猫で、小動物や小鳥を捕まえることもなく、威嚇もし

ないおだやかな性格。驚いたのはこのフラッシュは、御年21歳だということです。フラッシュは、今回訪ねたなかで最長老。21歳といえば、人間でいうと100歳を超えています。そのぐらいの高齢猫は、だいたい家でのんびりしているものです。しかしフラッシュは、近所に散歩にも出かけますし、ゲスト対応もしています。宿のルールもきちんと守っていて客室、ダイニングルーム、キッチンには入りません。ただ、可愛いといって、ゲストが自分の部屋に連れていってしまったことはあったそうです。

植木は、夏には
パラソル代わりになります!?

飼い主が替わっても、変わらず宿猫として愛されています。

飼い主は猫アレルギー

もうひとつ驚いたのは、飼い主のスティーヴンさんが猫アレルギーだということ。猫を触ったらすぐに手洗いをしないと大変。猫の毛が顔に触れただけで赤くなってしまうほどなんだそうです。ではなぜスティーヴンさん、エマさん夫妻がフラッシュと暮らすことになったのでしょう。

先代から宿を引き継ぐ際、先代はフラットに引っ越したそうなのですが、そこでは猫を飼うことができなかったのです。そこで、もともとここに暮らしていたこともあり、そのままフラッシュは残ることになりました。猫アレルギーを持ちながらも、フラッシュを可愛がるスティーヴンさんの優しさを感じました。このゲスト・ハウスは、フェイスブックにもページがありますが、そこには時折フラッシュの姿も紹介され、クリスマスにはポインセチアの鉢植えに囲まれたフラッシュの写真がありました。

もう怪我をしないで長生きしてほしいと願う
スティーヴンさん。

宿のルールはきちんと守るフラッシュ。

EDINBURGH

Alison's B&B

アリソンズB&B

Sinbad

シンバッド

古都エディンバラの宿に暮らす猫

見どころ満載の
世界遺産の街、エディンバラ。
観光スポットの中心からほど近い場所に
猫目当てのゲストが訪れる
家庭的な宿があります。

キバは出ていても、いつもほわーんとした表情です。

猫目当てのゲストたち

タータンチェックやウイスキーの故郷であり、バグパイプの音が郷愁を誘うスコットランド。その中心都市エディンバラには年間を通して多くの観光客が訪れるため、大規模ホテルからユースホステルまで数多くの宿泊施設があります。なかでも、アリソンさんがご主人のクリスチャンさんと営むB&B*は、とても家庭的な宿。住宅地の一角にあり、自分たちが使っていない部屋を宿として貸しています。ダブルルームとツインルームがそれぞれひとつずつ。バスルームは2組のゲストで共有する、とても小さな宿です。

夫妻は以前からずっと猫を飼い続けていますが、そのなかでも一番可愛くてお気に入りなのが、現在暮らしているオスのシャム猫、シンバッド。宿のウェブサイトに猫の画像を載せているためか、ゲストはみな猫好き。宿に着いた途端に「シンバッドはどこにいるの?」と、しょっちゅう聞かれるそうです。その期待に応えられるのがシンバッド。幼い子ども（特に乳幼児）が苦手な猫は多いですが、シンバッドは子どもが泣き叫んでいるときでなければ、逃げもせずにおっとり構えています。

＊ベッドとブレックファスト（朝食）を提供してくれる民宿。

今はアリソンさんの膝の上を独り占めしています。

寂しげな先住猫がアクティヴに

7月4日、アメリカの建国記念日と同じ日に生まれたシンバッドは、先住猫のキャリコがパートナーを失ったとき、あまりに悲しむ彼女に新しい仲間として子猫を飼ったら救いになるのでは、と迎えられました。悲しみのあまり鳴きに鳴いて、とても寂しそうで死んでしまいそうなほどだったキャリコは、シンバッドがやってきてからあっというまに変わりました。活動的になったのです。

キャリコはシンバッドのあとをついて回り、自分のポジションをシンバッドに知らしめ、支配的な立場に立とうとしました。食事をするのは彼女が先、飼い主の膝の上は彼女が優先的に座る場所、などなど。でも、“新入り”にもかかわらずシンバッドはそれをわかっていないようで、飼い主の膝の上という最高の場所にいるキャリコの上

シンバッドは、緑でいっぱいの夏の庭が大好きです。

に飛び乗ったりも、押し出したりもしました。とはいえ、友好的に暮らしてきたキャリコは18歳で亡くなってしまいました。その後、エディンバラから車で1時間ほどの場所にあるスターリングからやってきた同じくシャム猫のアイラと仲良く暮らしていました。残念ながら、アイラも、夏に肝臓の病気が悪化してこの世を去ってしまったのです。

庭へとつづくドアも緑。

日向ぼっこは気持ちがいいのです。

シンバッドのいびき

二度も友達を失ったシンバッドに、また新たに猫を迎えようかとも考えた夫妻ですが、13歳半を超え、猫としては高齢に差しかかってきたので、夫妻のそばで一人っ子として静かに暮らすほうがよいのではないか、という結論に達しました。

現在、夫妻の愛を一身に受けるシンバッドは、夜眠るときにはアリソンさんの真横にきて顔をスリスリし、枕に頭を横たえるそうです。ちょっと年をとったシンバッドの眠りを妨げないよう、飼い主のアリソンさんのほうが気をつかっているそうです。

シンバッドは家のなかか、夏は花の溢れる裏庭にいることが多いようですが、ある日突然姿を見せなくなり、夫妻をとても心配させました。家のあちこちや庭も見て回りましたが見つかりません。捜すのに疲れ果てたアリソンさんがベッドに横たわると、妙な音が聞こえてきます。その音をたどってベッドルームを捜し回ると、ワードローブのなかで洋服の上に丸くなって寝ているシンバッドを発見！ 妙な音というのは、シンバッドのいびきだったのです。シンバッドのいびきは結構大きく、その後、彼が見当たらないときは聞き耳を立てるようにしているそうです。

三都市おすすめスポット

本書で紹介した地方のパブや宿の猫を訪ねようと計画中の方、
特に短期滞在の人におすすめの観光スポットを紹介します。

York
[ヨーク]

古代ローマ軍が建設した要塞が土台になっているという防壁、シティ・ウォールズに囲まれた街の中心を歩くと、たいていの観光ポイントは押さえられます。ランドマークとして知られるヨーク・ミンスター大聖堂の威厳ある姿は格好の記念撮影の場所です。また中世の趣を残す建物と石畳が魅力的な路地のシャンブルズは、ショッピングを楽しむ人でいっぱい。時間が許せば古代から現代に至るまでのヨークの暮らしの変遷がわかるヨーク・キャッスル博物館へ。ここはもともとヨーク城だった場所です。充実した国立鉄道博物館もおすすめで、蒸気機関車から新幹線まで多数の車両が収められています。王室が利用した御用列車など、英国らしい珍しいものも展示されています。猫好きなら散歩の範囲をシティ・ウォールズ全体に広げてキャット・トレイルをめぐってみては（姉妹本『鉄道ねこ』でルートを紹介しています）。街中の家の屋根や店の壁、軒などに、さまざまな姿をした猫の像があります。

重厚なヨーク・ミンスター大聖堂。

キャット・トレイルには猫の像が。

Glasgow
[グラスゴー]

エディンバラに次ぐスコットランドの人気都市、グラスゴー。ここには観光的な華やかさとはちょっと違った魅力があります。グラスゴーで人気があるのは、マッキントッシュ・デザインを見て回ること。1868年にこの地で生まれた建築家でデザイナー、画家でもあったチャールズ・レニー・マッキントッシュの作品は、自身の家のインテリアが見られるハンタリアン・

Edinburgh
[エディンバラ]

スコットランドで一番人気のエディンバラは、旧市街・新市街が世界遺産です。初めてなら外せないエディンバラ城は、岩山の上に建ち、眺めもよく、街が一望できます。エディンバラ城は要塞としての役割が強かったため、質実剛健な感じがします。城内に保管されているスコットランド王の宝器と運命の石は必見です。スコットランドらしいお土産が見つかる賑やかな観光ストリート、ロイヤルマイルの反対側にあるのがホリールードハウス宮殿。こちらはエレガントな造りですが、かつてスコットランド女王メアリーの数奇な運命の刻まれた場所でもあります。王室メンバーの滞在中や儀式が行われているときを除いては、一般公開されています。折々、展示物の替わるギャラリーもあります。

崖の上に建つエディンバラ城。

気軽に音楽が楽しめる、サンディー・ベルズ。

また猫はいませんが、機会があれば街にいくつかある音楽パブに行ってみましょう。ステージがセットされたお店より、夜8時を過ぎた頃にお店の奥に音楽好きが集まってスコットランドの伝統音楽を演奏するようなパブがいいです。個人的にはサンディー・ベルズ（Sandy Bell's）というお店がおすすめです。

アート・ギャラリーをはじめとして、今も学生の通うグラスゴー美術学校（見学は予約制）、クイーンズ・クロス・チャーチやライトハウスなど、グラスゴーのあちこちに建築物として残っています。話のタネにということなら、彼がデザインしたインテリアやハイバックチェア（背もたれの高い椅子）で有名なウィロー・ティールームへ。お茶とともに彼のデザインを味わえます。また、フットボール好きにはセルティックやレンジャーズのホームグラウンドも興味がわく場所ではないでしょうか。

マッキントッシュの建築がよくわかるハンタリアン・アート・ギャラリー。

緑のなかにあるケルヴィングローヴ博物館。

英国パブの楽しみ方

英国旅行の際には、ときどき"女ひとりパブ"をしている私が、
初心者でも安心して入れるパブの見つけ方、楽しみ方をアドバイスします。
まずは、昼間オープンしているパブからトライしてみましょう。

1 初心者が入りやすいパブとは?

●ホテルの人のおすすめ

観光客でも入りやすいパブをよく知っています。

●窓が大きい

店内が覗けるので様子がわかって安心。入口のドアが開いている場合も。

●テラス席、ビアガーデンがある

子ども連れもOKのところが多く、ファミリーでくるケースも多いです。

●ビジネス街にある

ビジネス客中心で客層もよく、ランチタイムに賑わっていればなおGood!

●パブフードが充実

平日のランチや日曜のサンデーローストなど、フードが充実しているパブはレストラン代わりに利用する人もいるので安心。店の前にある看板に食事メニューが出ていたりするので要チェック。

●大きな駅に併設

地方都市への始発駅などに併設されているパブは、オープンなカフェ風で観光客も多く入りやすいです。

2 英国で飲むならまずエール

英国のビールは大別すると、ラガーとエールの2種類に分かれます。日本でいうビールは、英国ではだいたいラガービールを指します。パブにあるラガービールは「ハイネケン」「バドワイザー」など、英国以外のものがほとんどです。

英国では、炭酸が弱めで味わい深いエールを飲んでみて！ 麦芽の風味が濃く、ラガーに比べて色も琥珀色で、さらに赤、ブラウン、黒いものまであります。黒いダークエールは、麦芽を強くローストしているため色が濃くなります。スタウトやポーターとも呼ばれ、日本ではアイルランド産のギネスが有名です。酸味や苦味の強さ、味もさまざまあり、アルコール度も4%に満たないものから10%くらいまであります。また、ロンドンにも地方にも規模の小さい地ビール醸造所があり、パブによってそれをゲストエールとして出すことがあるので試してみては？ 日本ではめったに味わえません。

3 ビールが苦手なら……

パブはいわゆる居酒屋なので、ウイスキーやワインもあります。女性には、ビールをジンジャーエールやレモネードで割った「シャンディ（Shandy）」がおすすめ。口当たりもよく、割っているのでアルコール度も低くて飲みやすいです。また、りんごのお酒「サイダー（cider）」も美味。甘口、辛口、濁ったタイプなどがあります。その昔は、労働者が安上がりに酔いたいときに飲んだとか。日本の炭酸飲料のサイダーとは違い、ビール同様かあるいはビールよりアルコール度が高いものもあるので、ほどほどにしましょう。ビールとちゃんぽんにして飲むと、かなり悪酔いします。そのため以前は「スネークバイト（Snakebite）」というサイダーのビール割りがありましたが、今はお店ではまず出してくれません。ほかには、もちろんソフトドリンクも頼めます。ジンジャーエール、オレンジジュースはたいてい置いてあります。フードメニューが充実しているパブでは紅茶が飲めるところも。

4 オーダーと支払い

●量を指定する

どこのパブでも1パイントは568ml、ハーフパイントは284mlです。男性は1パイント単位で。絶対というわけではありませんが、男性がハーフパイントをオーダーするのは少しカッコ悪いそうです。

●キャッシュ・オン・デリバリー

キャッシュ・オン・デリバリーとは、カウンターでドリンクをオーダーし、受け取るときにその代金を支払うことです。たいていのパブがこの方法で、フードメニューが豊富なガストロパブでは、最後にドリン

クとフードをまとめて支払う場合と、ドリンクのみキャッシュ・オン・デリバリーで別払いする場合があります。

●ラウンド

一緒に行った全員分のドリンクを順番にまとめて買うことをいいます。たとえば友人3人で行ったら、まずはひとりが3人分のドリンクをまとめて購入し、飲み終わったら次の人が……のようにするのがスマート。

5 楽しみ方いろいろ

ダーツ、プール（ビリヤード）、スポーツ観戦（テレビ）、カラオケ大会をしたり、生演奏を聴かせるパブもあります。パブで行われるイベントで特に人気なのはクイズです（個人でもグループでも参加可能）。パブのスタッフが出題するクイズにお客さんが答え、正解数が多かった人に賞品が出ます。「この曲を歌っているシンガーは？」、複数の映画のタイトルを挙げ「これらの映画に共通して出演している俳優は？」、いろいろなトロフィーの写真を並べて見せ「これは、どのスポーツのなんのトロフィー？」などの問題もありました。解答は紙に書いて最後に回収され、順位発表。賞品は、現金やボトルのお酒だったりすることが多いようです。

バーカウンターでの英会話

以下は、パブに入ったときによく使う英会話です。

●ビールを1パイントください。
A pint of beer, please.

➜というと、必ず
「What kind of beer would you like?」
（どのビールにしますか？）
と聞かれるので、
その際は次のように答えます。

●エール（ラガー）を1パイントください。
A pint of (ale／lager), please.

➜銘柄がわかっていれば、
ギネスなどと答えます。

●ギネスを1パイントください。
A pint of Guinness, please.

●ギネスをハーフパイントください。
Half a pint of Guinness, please.

●このエールはいくらですか？
How much is this ale?

●このエールはどんな味ですか？
What does it taste like?

●このエールはアルコールが強いですか？
Is this ale strong?

●ソフトドリンクはありますか？
Do you have any soft drinks?

●このパブでは食事はできますか？
Do you serve food here?

●メニューを見せてください。
（フードをオーダーする場合）
Can I see the menu?

●パブクイズに参加したいのですが。
Can I take part in the pub quiz?

パブフード

基本的に、おつまみはクリスプス（ポテトチップス）くらいですが、フードメニューが充実したお店では、ぜひパブフードを食べてみましょう。せっかくですから、英国らしいものを。日曜にはビーフやポーク、ターキーなどのロースト料理を出すパブもあります。

おすすめは…

フィッシュ&チップス：魚のフリッターとフライドポテト
ポークパイ：パイ生地で豚のひき肉を包んで焼いたもの
シェパーズパイ：羊のひき肉にマッシュポテトをのせて焼いたもの
スコッチエッグ：卵をひき肉で包み、パン粉をつけて揚げたもの
バンガーズ&マッシュ：ソーセージ&マッシュポテト

パブねこ・宿ねこを訪ねる
旅のお役立ち情報

ロンドンで……

ロンドン市内で地下鉄やバスに乗るときには、オイスターカード（Suicaのような IC カード）が使えます。切符をその都度購入しなくても乗車できるだけでなく、料金も割引になります。ただし、カード自体にデポジット料金が5ポンドかかります。5ポンドを支払ってオイスターカードを入手する際に、使う金額をチャージします（英国ではトップアップという）。チャージは、日本のように券売機でもできますし、駅の窓口でも可能です。カードを返却すればデポジットは戻りますが、また翌年使いたいという場合はカードを取っておいても大丈夫です。ヒースロー空港到着後にすぐ必要な人は、市内に向かう地下鉄の入口で購入できます。

地方都市で……

本書ではデヴォン、ヨーク、グラスゴー、エディンバラと周りましたが、その際にブリットレイルパスを利用しました。ブリットレイルパスには英国全土で毎日連続して使えるもの、2カ月の期限内に3、4、8、15日と使用日数が限られたもの、乗車範囲がイングランドのみのものなどいくつか種類があり、内容によって料金が異なります。このパスは特に周遊で遠距離の場合におすすめです。

たとえば、ロンドンからエディンバラまで当日片道で切符を購入した場合、曜日と時間によっては100ポンドを超えてしまいます。このようなときに4日間使用可能なパスを使ってロンドンからヨーク、グラスゴー、エディンバラを周り、再びロンドンに戻ってくれば元は取れ、安上がりです。このブリットレイルパスは、日本からしか購入できないので、取り扱いの大手旅行代理店などで事前に用意して持っていきましょう。

●ワールドブリッジ
http://www.world-bridge.co.jp/

＊ほかにも購入可能な旅行代理店があるのでお問い合わせを。

タクシー利用で……

目的地が駅から徒歩15分以上の場合は、タクシー利用をおすすめします。タクシー乗り場のない駅では、事前にタクシー会社に列車の到着時刻を伝えて予約もできます。インターネットではなく、電話での予約となります。

●トレインタクシー
http://www.traintaxi.co.uk/

Information

本書で紹介したパブ、宿の住所と最寄り駅です。
ウェブサイトがあるところは、URLも記載しています。

＊ウェブサイトがない場合は、ロンドンのストリートマップ「London A to Z」で住所検索をすれば詳細がわかります。

The Pride of Spitalfields P.006

[ザ・プライド・オブ・スピタルフィールズ]

ランチタイムでかなり混み合う店内。それでも悠然と写真撮影に応じ、さらにお客さんに呼ばれれば出向いて撫でられているレニー。これぞパブ猫の鑑、という姿を見ました。

■住所　3 Heneage Street, London, E1 5LJ
■最寄り駅　Whitechapel（地下鉄）

The Shakespeare P.014

[ザ・シェイクスピア]

取材した猫のなかでもっとも若く、もっともアクティヴに動き回っていたオットー。照明をおとした薄暗い店内での黒猫の撮影自体大変なのに。可愛いけれどカメラマン泣かせでした。

■住所　2 Goswell Road, Clerkenwell, London, EC1M 7AA
■最寄り駅　Barbican（地下鉄、ナショナルレイル）

Old Kings Head P.022

[オールド・キングス・ヘッド]

ここのランチは超お得。ツナマヨサンドが2ポンド、ローストビーフサンドが3ポンドと驚異の安さ。スーパーより安く、ボリュームも満点。カメラマンは撮影後、パクつき大満足。

■住所　28 Holywell Row, The City, EC2A 4JB
■最寄り駅　Shoreditch High Street（ロンドン・オーバーグラウンド）

The Hoop & Grapes P.030

[ザ・フープ&グレイプス]

飼い主さんは、取材後もパリスの情報をメールで教えてくれました。パリスの死も伝えてきました。素敵な相棒、パリスを溺愛していた彼の悲しみが感じられました。

■住所　80 Farringdon Street, London, EC4A 4BL
■URL　http://www.thehoopandgrapes.co.uk/
■最寄り駅　Farringdon（地下鉄、ナショナルレイル）

The Charlotte Despard P.038

[ザ・シャーロット・デスパード]

取材時に1杯ご馳走するよといわれ、ロンドンの地ビールが自慢のお店なのに、とっさにピンク色のベルギーのフルーツビールをリクエストしてしまいました。甘酸っぱくて美味でした。

■住所　17-19, Archway Road, London, N19 3TX
■URL　http://www.thecharlottedespard.co.uk/
■最寄り駅　Archway（地下鉄）

The Blind Beggar P.046

[ザ・ブラインド・ベガー]

お店の周辺はかなりエスニックな雰囲気が漂う地域。路上でナマズ（食用らしい）を売っていてびっくりしました。池の魚を見るのが好きだったモリーも急に亡くなり寂しい限り。

■住所　337 Whitechapel Road, London, E1 1BU
■URL　http://theblindbeggar.com/
■最寄り駅　Whitechapel（地下鉄）

Gunmakers P.054

[ガンメーカーズ]

59ページに写っている、午前中からやってきて1杯やっているご年配の常連さん。勤めて数カ月の雇われマスターよりずっとお店に詳しく、この名前になる前のお店のこともご存知でした。

■住所　33 Aybrook Street, Marylebone, London, W1U 4AP
■最寄り駅　Baker Street（地下鉄）

Harlingford Hotel P.062

[ハーリングフォード・ホテル]

撮影のない日も、ジジが目の前の公園の木でガシガシと爪研ぎしているのを目撃。さらに、3階客室フロアの階段にある窓の外側に張りついている姿も。神出鬼没でした。

■住所　61-63 Cartwright Gardens, London, WC1H 9EL
■URL　http://www.harlingfordhotel.com/
■最寄り駅　Russell Square（地下鉄）

The Colonnade P.070
［ザ・コロネイド］

私が過去に二度宿泊したことのあるホテル。オーナーも看板猫も替わってしまいましたが、猫の定位置はつねにラウンジ。いつまでも猫のいるホテルでいてほしいです。

■住所　2 Warrington Crescent, Little Venice, London, W9 1ER
■URL　http://www.colonnadehotel.co.uk/
■最寄り駅　Warwick Avenue（地下鉄）

The Rookery P.078
［ザ・ルーカリー］

取材でもないと泊まらない（とはいえ自腹）高級ホテル。とにかくインテリアがユニークなので、もっと写真を撮っておけばよかったと後悔。

■住所　12 Peter's Lane, Cowcross Street, London, EC1M 6DS
■URL　http://www.rookeryhotel.com/
■最寄り駅　Farringdon／Barbican（地下鉄、ナショナルレイル）

Clifford Arms P.088
［クリフォード・アームズ］

ここにはカメラマンが単独で取材に向かいました。街並も綺麗で、パブから歩いてすぐの場所に海がある、とても気持ちのよい場所なのだそうです。

■住所　34 Fore Street, Shaldon, Teignmouth, Devon, TQ14 0DE
■URL　http://www.shaldon-devon.co.uk/food-and-drink/the-clifford-arms
■最寄り駅　Exeter St Davids（ナショナルレイル）／駅からタクシーで約30分。

Trafalgar Bay P.096
［トラファルガー・ベイ］

宿泊していた宿の人に近所に猫のいるパブがあるとここを教えてもらい、急遽取材に。いきなりだったのですが、快く応対してくれました。そのうえエールもご馳走になりました。

■住所　7 Nunnery Lane, York, YO23 1AB
■最寄り駅　York（ナショナルレイル）／駅から徒歩約10分。

The Plough Inn P.104
［ザ・プラウ・イン］

テーブル数も多くパブというより落ち着けるレストラン的な店内での取材。猫好きの心をきゅんとさせる表情を持つトムが、以前店内をぐちゃぐちゃにしたとは信じられませんでした。

■住所　48 Main Street, Fulford, York, YO10 4PX
■URL　http://www.the-plough-inn-york.co.uk/
■最寄り駅　York（ナショナルレイル）／駅から徒歩15分以上。

The Farthings P.112
［ザ・ファージングズ］

ここは朝食のレベルが高く、材料もフレッシュで塩や油も控えめ。おいしかった！　英国の宿で朝食を食べると結構胃もたれする私でも、がっつり食べられました。キッパーズ（ニシン）がおすすめ。

■住所　5 Nunthorpe Avenue, York, YO23 1PF
■URL　http://www.farthingsyork.co.uk/
■最寄り駅　York（ナショナルレイル）／駅から徒歩約10分。

Alamo Guest House P.120
［アラモ・ゲスト・ハウス］

このB&Bは、最近英国の有名新聞ガーディアンでも優良宿として紹介されたようです。近くのパブでクイズナイトを初体験。7組中、5位になったのもいい思い出です。

■住所　46 Gray Street, Kelvingrove, Glasgow, G3 7SE
■URL　http://www.alamoguesthouse.com/
■最寄り駅　Kelvinhall（グラスゴー地下鉄）

Alison's B&B P.128
［アリソンズB&B］

昔、子どもが使っていた部屋を貸しています、という本来のB&Bの雰囲気がもっとも濃厚だった宿。エディンバラの宿泊施設としては、格安でフレンドリー。ただし、2部屋のみです。

■住所　7 Sciennes Road, Edinburgh, EH9 1LE
■URL　http://www.edinburghbednbreakfast.com/
■最寄り駅　Edinburgh Waverley（ナショナルレイル）／駅から徒歩15分以上。

パブねこ

英国のパブと宿に暮らす猫を訪ねて

2014年4月20日 初版発行

執筆
石井理恵子
＊p28右, p37下, p71下, p74右下, p76右上・右下,
p77, p84右, p86, p87右, p103左下・下（外観）,
p136-137, p140は石井理恵子が撮影。

撮影
トム宮川コールトン

編集
新紀元社編集部

デザイン
倉林愛子

銅版画
松本里美

翻訳協力
中村美夏

Special Thanks
Ian Campbell (ACP)／Takao & Yasuko Kiyoi／Ayumi Coulton
Choki the cat
All cats, their owners and guardians who made this book possible

写真協力
Satomi Matsumoto p87左・中／Sue Curtis p106右上

発行者
藤原健二

発行所
株式会社新紀元社
〒160-0022 東京都新宿区新宿 1-9-2-3F
TEL 03-5312-4481／FAX 03-5312-4482
http://www.shinkigensha.co.jp/
郵便振替 00110-4-27618

製版
株式会社明昌堂

印刷・製本
株式会社リーブルテック

ISBN978-4-7753-1236-0
©Rieko ISHII 2014, Printed in Japan
乱丁・落丁本はお取り替えいたします。定価はカバーに表示してあります。